I0796449
¡Saludos, pulpos!

LOS PULPOS

KATE RIGGS

CREATIVE EDUCATION | CREATIVE PAPERBACKS

CHOCAR LOS CINCO ES TAN DE AYER. ¡YO PUEDO CHOCAR LOS OCHOS!
4

Índice

¡Saludos, pulpos! 1
Ocho brazos 7
Cuerpos blandos, picos duros 8
Cambio de colores. 10
¡Hora de comer! 12
Fuera de los huevos 14
¿Qué hacen los pulpos? 16
¡Adiós, pulpos!. 18
Imagina un pulpo 20
Palabras que debes conocer 22
Índice 24

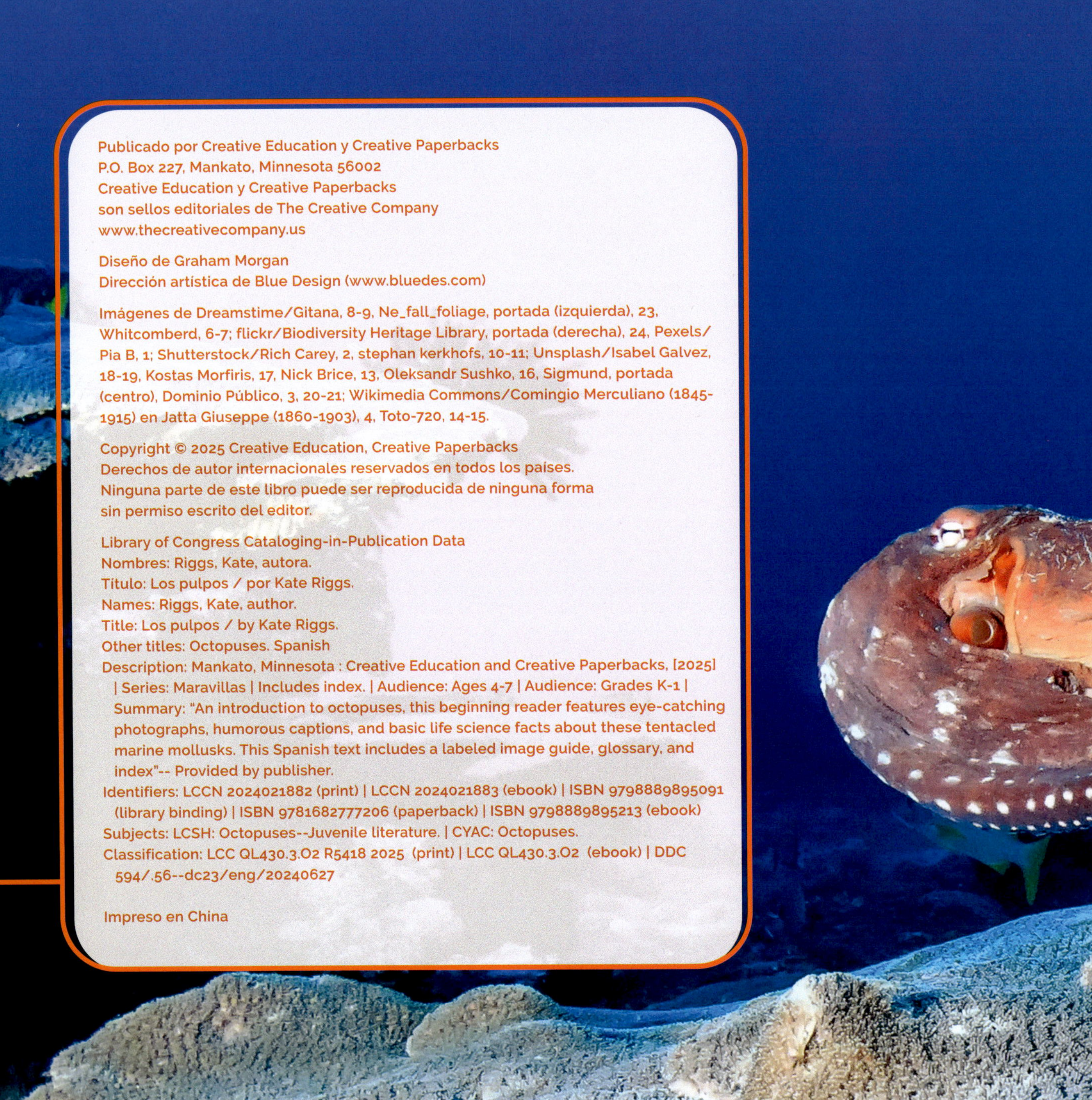

Publicado por Creative Education y Creative Paperbacks
P.O. Box 227, Mankato, Minnesota 56002
Creative Education y Creative Paperbacks
son sellos editoriales de The Creative Company
www.thecreativecompany.us

Diseño de Graham Morgan
Dirección artística de Blue Design (www.bluedes.com)

Imágenes de Dreamstime/Gitana, 8-9, Ne_fall_foliage, portada (izquierda), 23, Whitcomberd, 6-7; flickr/Biodiversity Heritage Library, portada (derecha), 24, Pexels/Pia B, 1; Shutterstock/Rich Carey, 2, stephan kerkhofs, 10-11; Unsplash/Isabel Galvez, 18-19, Kostas Morfiris, 17, Nick Brice, 13, Oleksandr Sushko, 16, Sigmund, portada (centro), Dominio Público, 3, 20-21; Wikimedia Commons/Comingio Merculiano (1845-1915) en Jatta Giuseppe (1860-1903), 4, Toto-720, 14-15.

Library of Congress Cataloging-in-Publication Data
Nombres: Riggs, Kate, autora.
Titulo: Los pulpos / por Kate Riggs.
Names: Riggs, Kate, author.
Title: Los pulpos / by Kate Riggs.
Other titles: Octopuses. Spanish
Description: Mankato, Minnesota : Creative Education and Creative Paperbacks, [2025] | Series: Maravillas | Includes index. | Audience: Ages 4-7 | Audience: Grades K-1 | Summary: "An introduction to octopuses, this beginning reader features eye-catching photographs, humorous captions, and basic life science facts about these tentacled marine mollusks. This Spanish text includes a labeled image guide, glossary, and index"-- Provided by publisher.
Identifiers: LCCN 2024021882 (print) | LCCN 2024021883 (ebook) | ISBN 9798889895091 (library binding) | ISBN 9781682777206 (paperback) | ISBN 9798889895213 (ebook)
Subjects: LCSH: Octopuses--Juvenile literature. | CYAC: Octopuses.
Classification: LCC QL430.3.O2 R5418 2025 (print) | LCC QL430.3.O2 (ebook) | DDC 594/.56--dc23/eng/20240627

Impreso en China

Un pulpo es un animal del **océano**. Tiene ocho brazos. Los brazos se unen en la boca. La parte inferior de los brazos está recubierta de ventosas.

TÓCAME EL PICO.
¡ATRÉVETE!

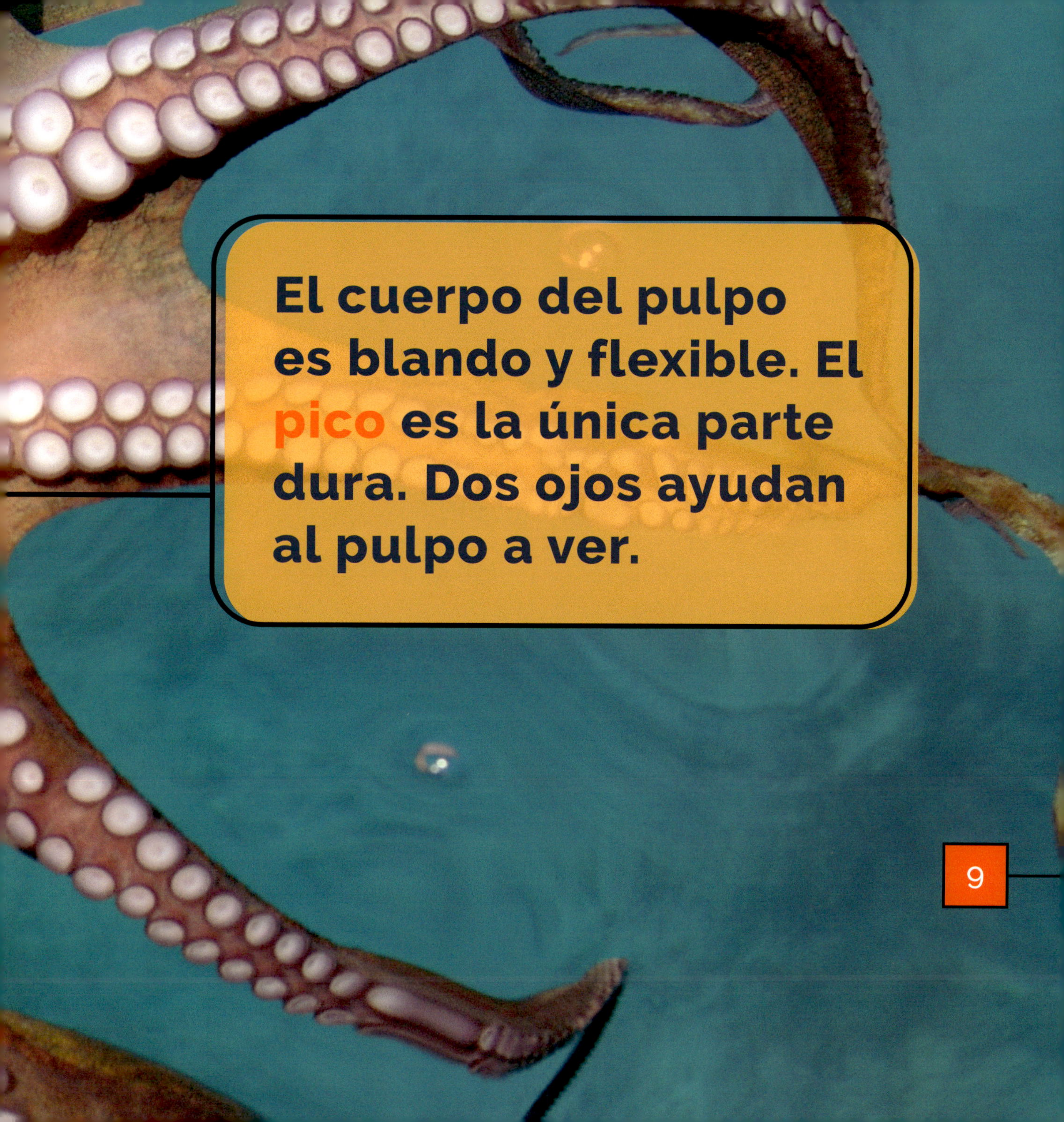

El cuerpo del pulpo es blando y flexible. El **pico** es la única parte dura. Dos ojos ayudan al pulpo a ver.

La piel del pulpo puede cambiar de color. Puede parecer rocas con bultos. Puede parecer las algas.

LA PIEL DEL PULPO ES BLANDA Y VISCOSA.

Los pulpos comen pescado. También comen animales con concha. Les gustan los cangrejos y las almejas.

¡EL BUFÉ
DE PULPO
ESTÁ ABIERTO!

LAS CRÍAS DEL PULPO SE LLAMAN ALEVINES.

Las crías del pulpo salen de los huevos. Flotan en el agua. Buscan comida por su cuenta.

Los pulpos se arrastran por el fondo marino. Ellos nadan rápidamente.

¡TE VERÉ CUANDO TE VEO!

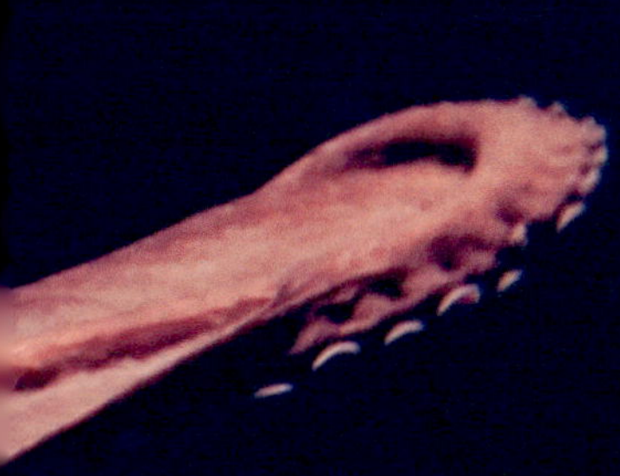

¡Adiós, pulpos!

[Imagina un pulpo]

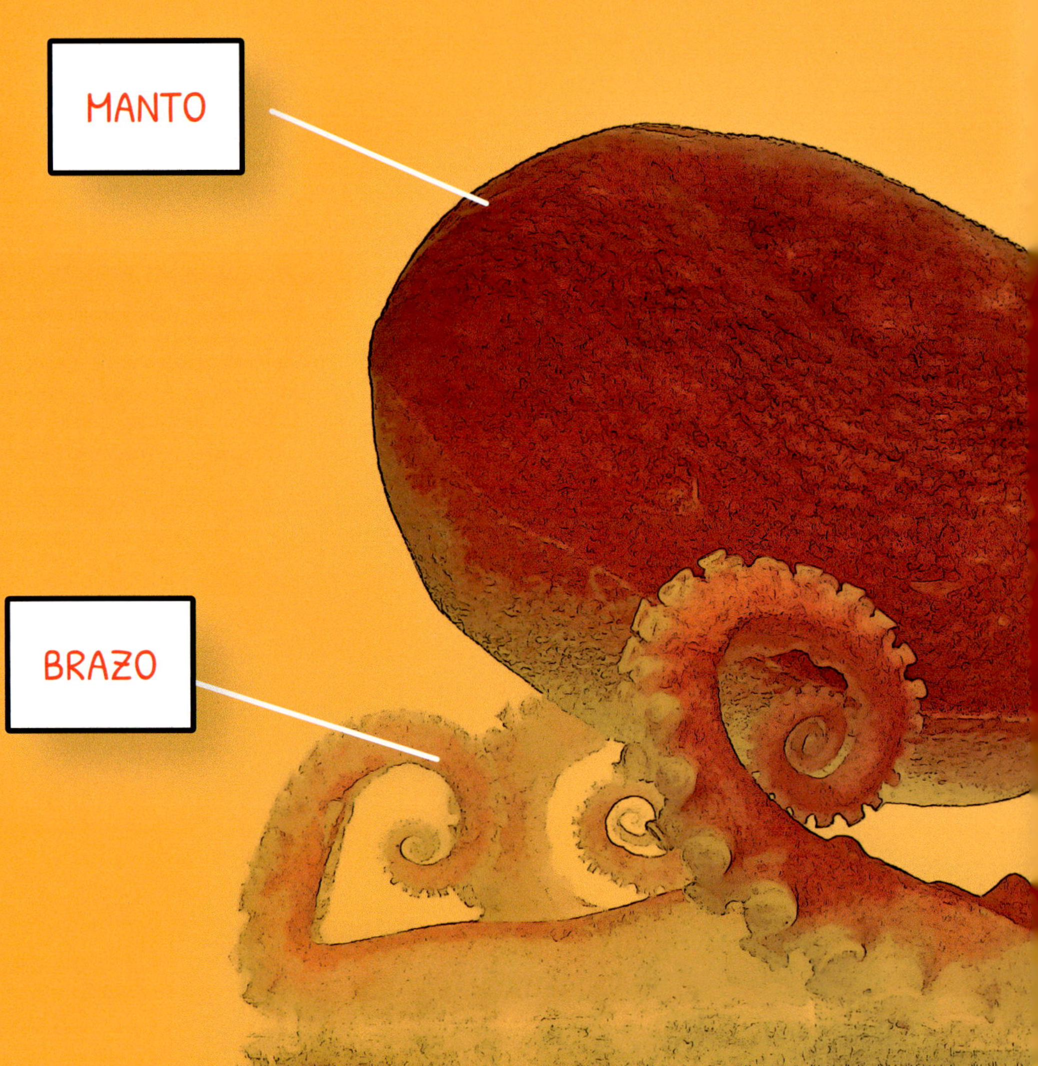

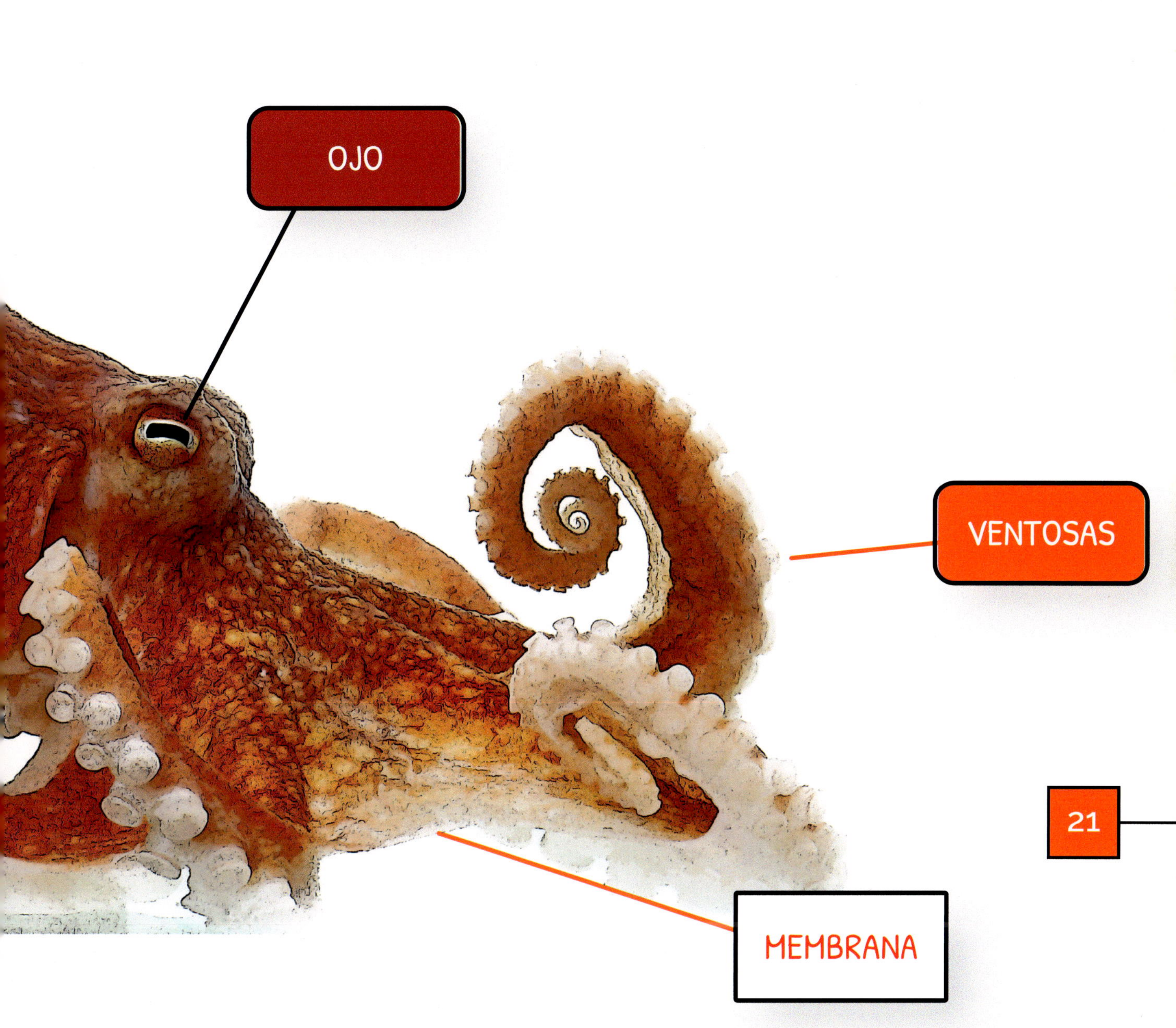
OJO
VENTOSAS
MEMBRANA

PALABRAS QUE DEBES CONOCER

océano: una gran extensión de agua profunda y salada

pico: la parte de la boca del pulpo que sobresale

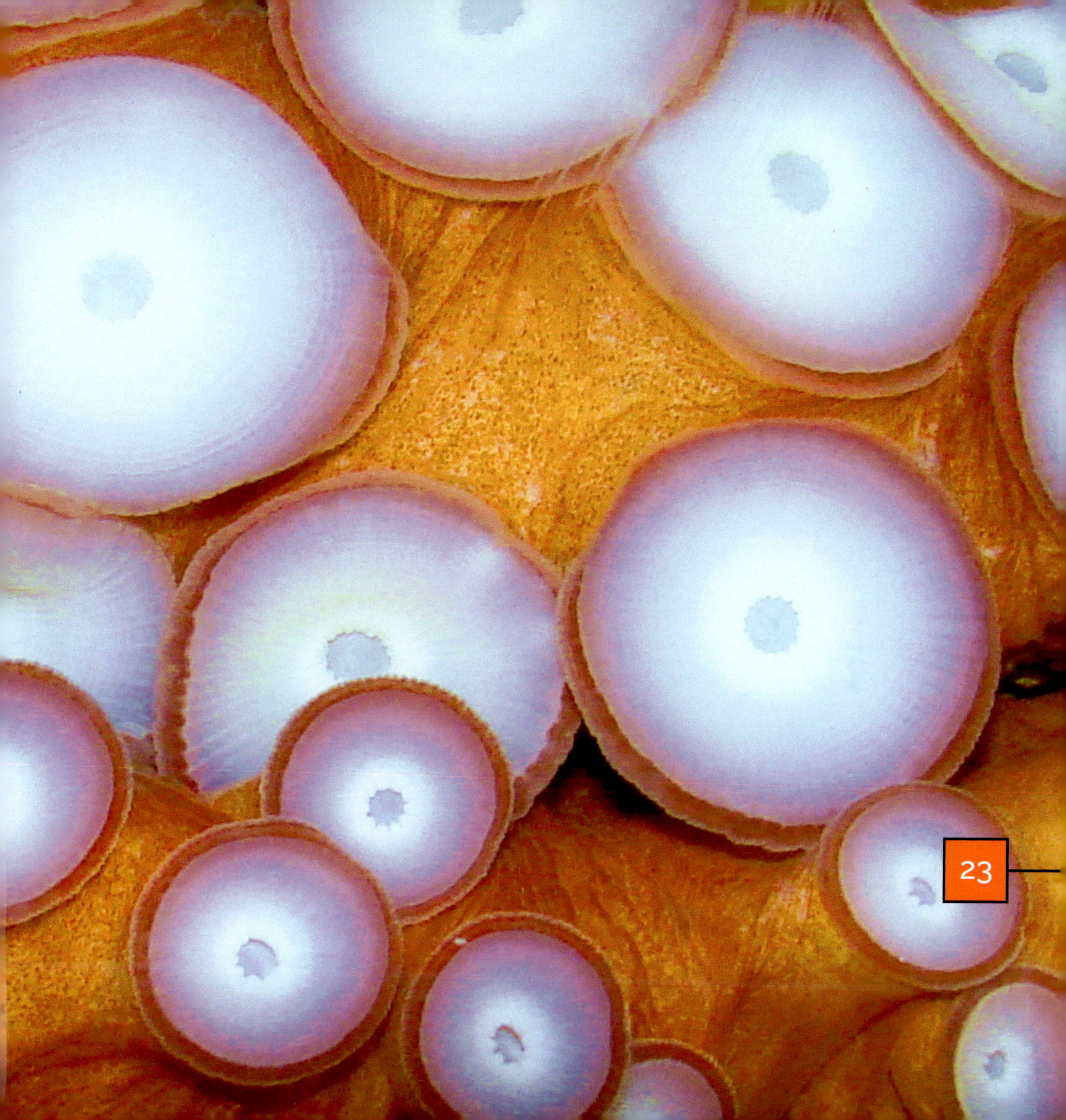

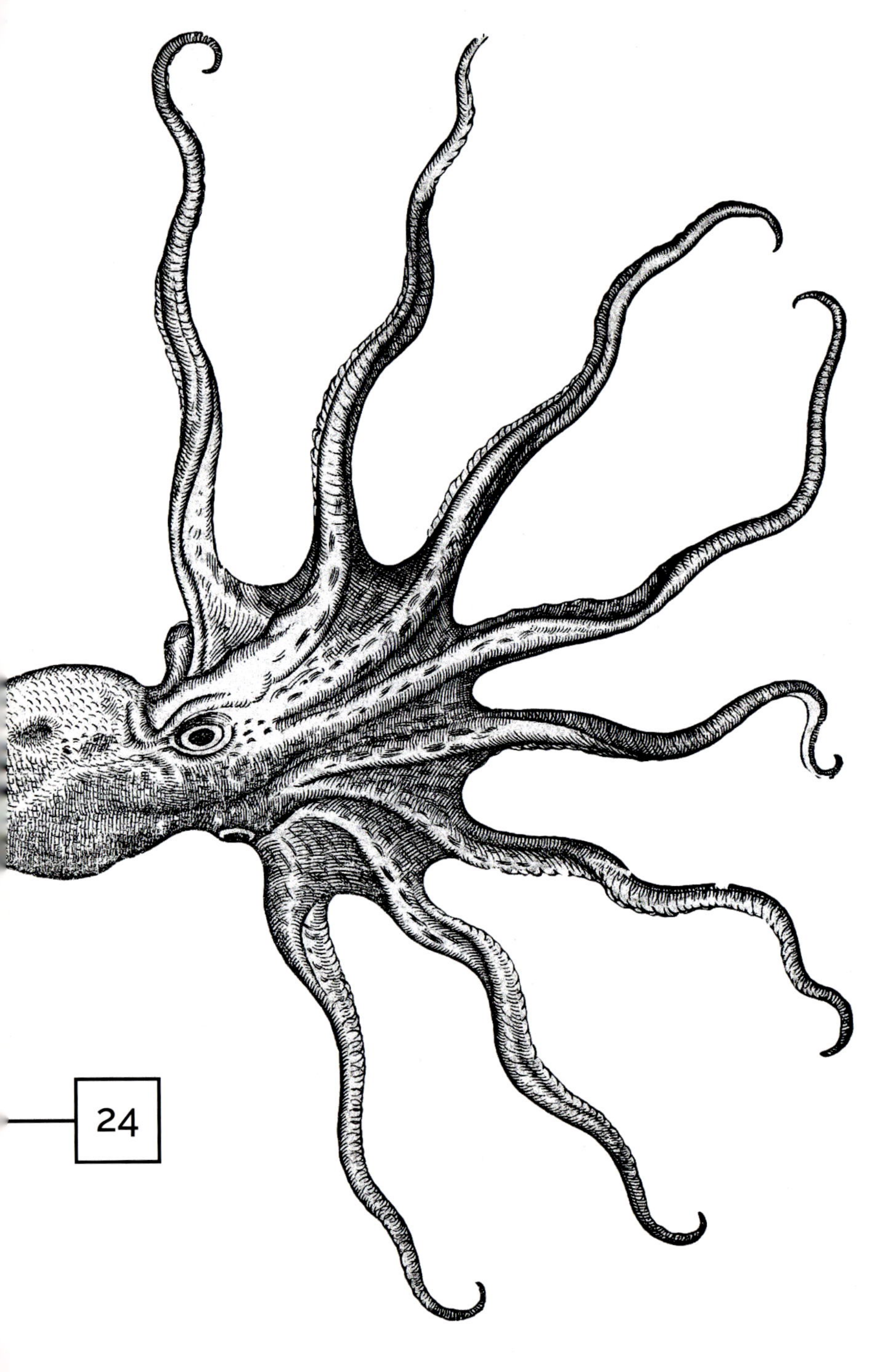

ÍNDICE

bocas, 7

brazos, 7, 20

comida, 12, 15

cuerpos, 9

huevos, 15

natación, 16

ojos, 9, 21

picos, 9

piel, 10, 11

ventosas, 7, 21